Antoine de Saporta

L'Eau de mer

étude

ISBN : 978-1540472878

10 9 8 7 6 5 4 3 2 1

Antoine de Saporta

L'Eau de mer

étude

Table de Matières

Introduction

Sans la mer, a-t-on dit, la civilisation n'aurait pu se développer, et le monde serait resté barbare. Cet élément, dès les temps primitifs de l'humanité, n'a pas seulement réuni les peuples les plus éloignés, il a encore inspiré aux nations anciennes l'idée de l'infini, conception qui touche à celle de la divinité : Homère et les mythologues indous croyaient, l'un au fleuve Océan, les autres à une étendue liquide sans bornes, comme l'espace. Enfin, les pêcheurs qui jetaient leurs filets grossiers dans les criques des Cyclades furent peut-être les premiers naturalistes, de même que les navigateurs phéniciens ont été les premiers ingénieurs maritimes. De nos jours encore, toutes les sciences trouvent dans l'océan, ou bien un champ d'exploration pour ainsi dire illimité, ou bien un ennemi qu'il faut réduire. Les zoologistes, installés dans leurs laboratoires, s'efforcent de déterminer les êtres que la sonde ramène des profondeurs les plus effrayantes ; les hydrographes et les constructeurs étudient les courants, élèvent des jetées, creusent des ports. Le public visite les aquariums, admire les digues, les draguages et applaudit à ce qu'il voit, mais il ne voit pas tout. Notre but est d'exposer, ce qu'on connaît bien moins, les recherches des savants plus modestes qui se sont préoccupés de la constitution chimique et des propriétés physiques des eaux de mer.

Section I

Chacun sait que l'eau de mer, lorsqu'elle n'est pas souillée de vase, est, sinon la plus limpide de toutes les eaux naturelles, comme on l'a dit quelquefois, du moins une des plus claires. Ainsi, quand on se promène sur les côtes de l'océan à marée basse, il est souvent difficile, pour qui n'est pas attentif, d'éviter de plonger le pied dans les flaques qui parsèment les rochers, le liquide qui remplit ces cavités étant d'une telle transparence qu'il en devient invisible.

La question de la couleur mérite un sérieux examen, d'autant plus que les travaux relatifs à ce sujet ne manquent pas : nous citerons notamment ceux du père Secchi, de John Tyndall et ceux plus récents encore de M. W. Spring et de M. Soret. L'astronome romain rapporte qu'il doit l'idée première de ses expériences à un certain capitaine Bérard, qui, croisant dans le Pacifique, fit descendre au fond des mers une assiette blanche ordinaire enveloppée dans un filet et nota la profondeur à partir de laquelle l'assiette échappait à la vue. L'eau de ces parages (près de l'île Wallis, en Océanie) se prêtait naturellement à l'expérience, grâce à sa pureté ; mais le rapport du marin ne mentionne pas l'état du ciel. Le père Secchi fit ses expériences en 1865, à bord de la corvette pontificale l'*Immaculée-Conception*. Plusieurs disques suspendus à des câbles furent immergés : c'étaient des cerceaux de fer sur lesquels on avait tendu des toiles peintes de couleurs variées ; il y en avait un de 4 mètres de diamètre, les autres étaient beaucoup plus petits. Il fallait un beau temps, un ciel serein, une mer calme, des eaux transparentes : toutes choses qu'il est facile de rencontrer sur la Méditerranée et, à plus forte raison, sur la mer de Toscane, au mois d'avril. Le grand disque, dont la toile avait été blanchie à la céruse, disparut après avoir été plongé à une profondeur de 42 mètres environ ; si le soleil, au lieu d'être assez peu élevé sur l'horizon, eût dominé au zénith, la limite, d'après les calculs du père Secchi, n'aurait été reculée que de quelques mètres. Toutefois les disques plus petits, ainsi qu'une assiette de faïence, défigurés par la rétraction, échappèrent aux regards à des limites encore plus faibles, et cette disparition dépend surtout de la confusion de l'image, qui se brise en tous sens. Quant au grand disque dont la surface considérable résiste mieux à la déformation, on cesse à la fin de l'apercevoir, parce que sa couleur, virant successivement au vert clair, puis au bleu et au bleu sombre, finit par devenir aussi noire que la teinte du milieu ambiant. Il est curieux cependant que deux fois, et dans des conditions exceptionnelles, l'expérience un peu grossière de Bérard ayant été répétée, les mêmes chiffres ou à peu près aient été retrouvés (35 et 42 mètres). Il y a deux précautions à prendre, du reste fort simples : observer du côté où se projette l'ombre du navire et placer l'œil très près de la surface liquide. On perd de vue bien plus facilement des disques peints en jaune ou en brun ; une couche d'une vingtaine de mètres suffit pour les cacher. Or le fond de l'océan n'est presque jamais blanc : tout au plus est-il quelquefois blanchâtre. Il s'ensuit que l'on doit taxer de fable tout récit de voyageur affirmant avoir distingué le fond de l'eau à plus de

60 mètres de la surface, et que 25 mètres constitueront une limite pratique dans des circonstances encore très favorables.

En examinant au spectroscope la lumière réfléchie par les disques plus ou moins enfoncés, il fut constaté que le jaune d'abord, le rouge ensuite, étaient affaiblis les premiers et s'éteignaient bientôt sous une épaisseur d'eau suffisante. On conçoit aisément que cette disparition graduelle des couleurs jaune et rouge fasse passer au vert, puis au bleu, la teinte des objets blancs noyés dans l'eau salée. Chacune des trois couleurs simples dont le mélange constitue toutes les nuances possibles, c'est-à-dire le jaune, le rouge, le bleu ou le violet, a son rôle distinct dans les rayons solaires : le jaune est lumineux, le rouge est chaud et le bleu violacé provoque surtout les réactions chimiques. L'eau en masse très épaisse n'est ni transparente ni *diathermane*, mais, pénétrable aux rayons bleus, indigo, violets, elle est *diactinique*. Il va sans dire que ces dernières radiations perdent progressivement leur énergie et s'éteignent enfin si la couche liquide est par trop profonde : cette limite doit être d'ailleurs fort reculée.

Tyndall, confirmant, par ses expériences, celles du père Secchi, a complété la théorie de la couleur des eaux. Selon l'illustre physicien anglais, les flots de la mer peuvent présenter trois teintes principales : bleu, vert, jaune. Les eaux qui sont d'un bleu indigo sont les plus pures de toutes, celles qui sont jaunes renferment des matières limoneuses en suspension ; enfin la couleur verte signale des liquides médiocrement chargés. Mais quel est le rôle des corpuscules solides ? Ils constituent une multitude de miroirs infiniment petits, réfléchissant à l'extérieur la lumière qui pénètre au sein du liquide. Les rayons qui sont renvoyés au dehors, après n'avoir traversé qu'une couche mince, conservent leurs parties jaunes. Si les phénomènes de réflexion sont atténués, l'eau semble verte, et s'ils n'existent pas, faute de substance solide, la mer est d'un beau bleu. Au milieu d'un océan indigo, les crêtes des vagues paraissent vertes à cause de leur faible épaisseur ; il n'est pas, remarque Tyndall, jusqu'aux ventres blancs des marsouins qui ne prennent des colorations variées suivant la profondeur à laquelle nagent ces animaux.

Du reste, toutes les règles précédentes sont applicables à l'eau douce, et l'influence de la salure sur la nuance de l'eau de mer est presque nulle. Pas tout à fait cependant, car, suivant M. W. Spring, les particules argileuses, qui rendent les flots jaunâtres sont précipitées d'autant plus rapidement que la mer est plus salée. Dans les parages à forte salure, comme dans la Méditerranée, la teinte bleue est plus nette ; elle est, au contraire, moins accusée dans les régions saumâtres.

Une foule de circonstances accidentelles ou de causes locales troublent ces lois générales : ainsi la présence d'algues ou d'animalcules microscopiques peut avoir une grande influence sur la couleur de l'eau ; de plus, dans les bassins médiocrement creux, la teinte propre du fond intervient évidemment. Quant aux phénomènes de phosphorescence (mer de lait, etc.) ils se rapportent à un ordre d'idées qui s'écarte de notre sujet.

Beaucoup de mers ou de golfes ont reçu des noms qui semblent faire allusion à leurs couleurs. Quelques-uns de ces termes s'expliquent sans difficulté, mais d'autres sont plus malaisés à comprendre. Il est presque inutile de dire que la Mer-Blanche a été ainsi appelée à cause de ses glaces, que la Mer-Noire a dû son nom à ses tempêtes et la Mer-Jaune des Chinois à ses flots souillés du limon dragué par les fleuves de l'empire du Milieu. Les vagues de la mer Vermeille, près de la Californie, sont teintes par le Rio Colorado, qui porte lui-même une dénomination caractéristique. En revanche, on ne sait trop pour quel motif le golfe Arabique a été appelé Mer-Rouge. Il y a une trentaine d'années, un orientaliste, M. de Paravey, avait émis une idée originale ; les Levantins, affirme-t-il, consacrent à chacun des quatre points cardinaux une couleur spéciale : au nord, le noir ; au sud, le rouge ; à l'est, le vert ; à l'ouest, le blanc. Si l'on se place dans les plaines de l'Euphrate, la Mer-Noire est vers le nord, la Mer-Rouge au midi, et, de plus, le soleil semblera se lever dans le Golfe-Persique et se coucher dans la Méditerranée. Or les Orientaux appellent souvent celle-ci la Mer-Blanche et qualifient toujours le Golfe-Persique de Mer-Verte. Du reste, les eaux en sont réellement d'un beau vert. Le liquide qui baigne nos côtes est sensiblement inodore ; quand il ne l'est pas, c'est qu'il se trouve vaseux ou qu'il contient des matières organiques en décomposition, comme il arrive dans les ports de mer, par exemple. Il va sans dire que l'eau peut acquérir au bout de quelques jours, par la corruption de ses impuretés, une odeur qu'elle n'avait pas au début. Si la bouteille dans laquelle on conserve la liqueur salée est garnie d'un bouchon de liège, celui-ci est quelquefois rongé et il se forme de l'hydrogène sulfuré, dont chacun connaît le parfum peu agréable.

L'eau de mer doit sa saveur caractéristique tant au chlorure de sodium dissous qu'aux sels amers de magnésie qu'elle renferme. Fort souvent, des débris organiques ou de faibles doses de substances grasses se mêlent aux couches superficielles, en sorte que, dans les parties profondes, le liquide excite moins les nausées. Pourtant, chacun boit avec plaisir l'eau contenue dans les huîtres et les moules : en voici la raison. Lorsque l'animal ferme sa coquille, il emprisonne entre les valves une certaine qualité d'eau de mer qui lui permet de continuer pendant quelque temps ses fonctions respiratoires. Mais lorsqu'on ouvre le coquillage avec un couteau, on déchire plus ou moins les tissus mous de l'animal et une certaine proportion de liquide sanguin du mollusque vient se mélanger à l'eau, dont il corrige le goût. Ajoutons que les huîtres se plaisent surtout dans les parages saumâtres et que celles qui ont été élevées dans des milieux à forte salure, comme par exemple à Cancale, se reconnaissent très bien à leur saveur spéciale. Les moules prospèrent dans le voisinage des côtes et souvent naissent, vivent et sont pêchées au milieu de détritus qu'elles absorbent partiellement, en les transformant en certains alcaloïdes très vénéneux nommés *ptomaines* ; c'est pourquoi, à certaines époques de l'année, elles sont malsaines. Il est inutile, à cet égard, de recourir à la vieille légende relative aux cuivres des doublages absorbés sous forme de sels, d'autant plus qu'actuellement il est à peu près démontré que les sels de cuivre ne sont pas toxiques.

En vieux préjugé scientifique, qui a régné fort longtemps, voulait que l'amertume de l'eau de mer fût causée par des traces de bitume. Pourtant l'eau, hâtons-nous de le dire, n'est nullement bitumineuse. Les chimistes qui analysaient le liquide se consolaient facilement de ne pas y rencontrer la moindre trace de la matière dont ils soupçonnaient l'existence en pensant que la dose était trop faible pour être appréciable. Le comte Marsigli, qui, dans le cours de ses travaux, réalisés vers la fin du règne de Louis XIV, voulut fabriquer de l'eau de mer artificielle, eut grand soin d'ajouter du bitume aux sels qu'il fit dissoudre pour que la reproduction fût parfaite. Les partisans de cette opinion citaient l'exemple de la Mer-Morte, dans le voisinage de laquelle on recueille beaucoup d'asphalte et dont les eaux sont, en effet, d'une âcreté insupportable. Il y a une centaine d'années, Macquer, aidé de Lavoisier et d'un autre chimiste, distilla soigneusement des échantillons rapportés de Palestine et n'y trouva pas plus de bitume qu'il n'en avait découvert auparavant dans l'océan ou la Méditerranée. Il attribua le premier la saveur amère de ces eaux à la présence des sels de magnésie.

Ce n'est pas d'aujourd'hui que les chercheurs ont songé à rendre l'eau de mer potable en lui enlevant son goût nauséabond. A cette heure, le problème est résolu depuis longtemps et, ainsi qu'il arrive souvent dans ce monde, l'utilité de l'invention tant désirée est bien amoindrie. Naguère, en effet, l'eau douce destinée à l'approvisionnement des vaisseaux était renfermée dans des tonneaux de bois, où elle ne tardait pas à se corrompre, de sorte que les infortunés matelots étaient placés entre deux alternatives : mourir de soif ou absorber un véritable poison. Aujourd'hui, les navires de commerce eux-mêmes sont munis de vastes récipients en tôle de fer, grâce auxquels l'eau, loin de se corrompre, s'assainit avec le temps en devenant ferrugineuse.

Les anciens ne s'écartaient guère des côtes et ne pratiquaient le plus souvent que le simple cabotage ; néanmoins cette question intéressante les avait occupés, et Pline, en particulier, nous fournit deux moyens de dessaler l'eau de la Méditerranée : malheureusement, le premier n'est qu'une absurdité et le second est peu pratique. Le compilateur latin propose d'abord de plonger dans la mer des boules de cire creuses qui, affirme-t-il, se rempliront d'eau pure ; puis il conseille d'exposer à la rosée matinale, sur le pont du bâtiment, des peaux de mouton recouvertes de leurs toisons. Or la cire ne se laisse pas traverser par l'eau, et si, par impossible, la liqueur pouvait transsuder à travers ce corps gras, elle ne se dessalerait nullement.

Celui qui parcourt la longue série des mémoires publiés pendant les XVIIe et XVIIIe siècles, sur la question de l'eau marine adoucie par distillation, est frappé de la divergence des opinions et du défaut de concordance des résultats.[1] Les uns affirment que l'eau ainsi distillée

---

1 Les chimistes contemporains de Louis XIV avaient déjà remarqué fort justement qu'il était impossible d'adoucir l'eau en *précipitant*, au moyen de réactifs appropriés, les chlorures de sodium et de magnésium. Tout ce que l'on peut obtenir, c'est de

est pure, très saine et sans goût ; les autres la déclarent insalubre et presque aussi détestable qu'avant l'opération. Ceux-ci emploient un « intermède, » c'est-à-dire une matière solide, pulvérulente, qu'ils introduisent dans l'alambic en même temps que le liquide ; ceux-là sont d'avis que cette complication est entièrement superflue. Tous ces dissentiments s'expliquent facilement. Le sel marin, qui n'est pas la seule matière dissoute dans l'eau de l'océan, est accompagné de plusieurs autres corps, entre autres par le chlorure de magnésium. Ce dernier sel, bien desséché, résiste à l'action de la chaleur la plus violente sans s'altérer ; mais, en présence de l'eau bouillante, il se comporte autrement. Un phénomène que les chimistes nomment *double décomposition* se produit au-dessus de 100 degrés : le chlore quitte le magnésium pour se combiner avec l'hydrogène de l'eau, et l'oxygène de celle-ci s'unit au magnésium ; il se produit, en définitive, de la magnésie qui reste dans la chaudière et de l'acide chlorhydrique, ou *esprit de sel*, qui distille, grâce à sa volatilité. Or de faibles traces de cet acide rendent impotable et malsaine l'eau distillée. Mais comment éviter cet inconvénient ? Deux moyens se présentent : le plus simple consiste à empêcher la concentration de la liqueur à distiller, en enlevant les sels qui se déposent ou en ajoutant de l'eau de mer fraîche. En effet, l'eau bout à une température plus élevée de quelques degrés si elle est chargée de sels : suffisamment diluée, elle ne laisse pas dégager d'acide chlorhydrique. Mais on peut aussi absorber cet acide par diverses substances qu'on mêle préalablement à l'eau salée et qui ne le restituent pas à la fin de l'opération. On comprend maintenant l'erreur des savants qui prétendaient que la distillation ne dépouille pas l'eau de son amertume : pris d'un beau zèle, ils avaient chauffé trop longtemps sans prendre aucune précaution, au lieu que leurs adversaires avaient eu la prudence de s'arrêter à temps. Parmi les « intermèdes, » quelquefois mystérieux, qui ont été employés ou proposés, nous citerons la chaux, la craie, la potasse, la soude, les os calcinés : toutes matières communes, peu chères, mais inutiles,

transformer ces chlorures en azotates de mêmes bases, et pour réaliser ce change-ment d'utilité fort ; contestable, la chimie analytique n'indique que trois agents efficaces : les nitrates d'argent, de sous-oxyde de mercure et de plomb. Or le premier est fort cher, le second ne peut s'employer que dissous dans l'eau forte, le troisième n'entraîne que partiellement les chlorures, et, de plus, tous les trois sont de violents poisons dont quelques gouttes ajoutées en trop seraient fort dangereuses. Le remède est cent fois pire que le mal.

Antoine de Saporta

en définitive.

Le problème était jadis d'une telle importance que bien d'autres moyens encore avaient été mis en avant, sans compter la méthode d'évaporation. On est surpris de voir le grand nom de Leibniz attaché à une proposition jugée singulière, pour ne pas dire pis, par ses contemporains eux-mêmes : l'illustre philosophe et mathématicien voulait dessaler l'eau de mer en la refoulant, au moyen d'une pompe de compression, à travers un filtre rempli de litharge, expérience qu'il ne tenta du reste jamais. Sur la foi de Pline, on s'imaginait qu'une bouteille hermétiquement scellée, descendue vide au fond de l'Océan, puis, retirée, se remplirait d'eau pure. Un nommé Cossigny prouva que la bouteille se casserait ou resterait vide et répéta le même essai avec des globes de verre qui demeurèrent parfaitement secs à l'intérieur. D'autres naturalistes essayèrent des filtres de terre ou de sable ; mais Réaumur et l'abbé Nollet ayant réussi à construire un filtre gigantesque formé d'une série de tubes en verre bourrés de sable fin et s'emboîtant à la file sur une longueur d'un millier de toises, reconnurent que le liquide versé à l'orifice supérieur ressortait par le bas tout aussi salé qu'auparavant. L'Anglais Lister (1684) plaçait dans un alambic, qu'il ne chauffait pas, des algues marines d'espèces particulières à moitié plongées dans l'eau, comme les tiges des fleurs d'un bouquet : l'eau douce, d'après lui, devait perler en gouttelettes à la partie supérieure des plantes, mais il convenait, qu'il n'obtenait pas grand résultat de son étrange procédé. Samuel Reyer fit du moins une observation utile en s'assurant que la glace d'eau de mer fondue fournit une eau bonne à boire.

En dépit de tous les appareils distillatoires imaginés par Hauton, Applehy (1753), Lind (1761) en Angleterre, par Gaulthier de Nantes (1717)[1] et Poissonnier (1765) en France, sans compter bien d'autres inventeurs que nous omettons volontairement ou non, on continua jusqu'à ces derniers temps à s'abreuver sur les navires, tout comme par le passé, avec de l'eau conservée dans les futailles. Ces belles inventions étaient peu pratiques, et le maniement d'un alambic (chose du reste trop compliquée pour un simple maître-

---

1 Gaultier, voulant, autant que possible, imiter la nature, avait eu l'idée de placer le feu au-dessus de la cucurbite, sous prétexte que le soleil, cause normale de l'évapora-tion de l'eau de mer, dominait celle-ci : *Sol ad se rapit.*

coq) devenait bien difficile quand la mer était grosse.

En définitive, la mer est une immense et inépuisable source minérale ; il est probable que, si elle ne contenait que de l'eau pure, une fontaine saline aussi riche en principes minéraux que l'est en réalité l'océan, verrait affluer les buveurs en foule et serait recommandée pour l'usage interne dans toutes les maladies imaginables. Probablement à cause de son abondance et de sa vulgarité, l'eau de mer n'a cependant jamais été beaucoup employée à l'intérieur. Inversement, l'action thérapeutique des bains de mer pourrait servir de prétexte à de longues digressions dont nous ferons grâce à nos lecteurs. Nul n'ignore d'ailleurs qu'à très forte dose l'eau marine constitue un vomitif ; prise en proportion plus faible, elle est purgative et diurétique. Dioscoride conseillait de la délayer avec du miel, d'où devait résulter une médecine peut-être efficace, mais sûrement peu ragoûtante. Au début de ce siècle, on la coupait avec du vin : la seconde mixture n'était guère meilleure que la première. On la prônait jadis en Espagne contre la fièvre jaune et en Angleterre contre les vers ; dans le premier cas, elle agissait comme un vomitif et se buvait pure ; dans le second, on y ajoutait du lait afin que l'enfant pût l'absorber sans trop de répugnance. Avant d'en finir avec ces vieilles recettes, ajoutons qu'on a essayé de traiter par les bains de mer deux maladies réputées incurables ou presque incurables aujourd'hui : la rage et la manie. Kéraudren écrit en 1814 qu'on tenta de guérir un malheureux fou en le plongeant dans la mer, suspendu à une corde, pendant qu'on lui versait de l'eau sur la tête : on ne réussit qu'à noyer à demi l'infortuné, dont l'histoire rappelle une anecdote des lettres de Mme de Sévigné.

L'eau salée contient un peu d'iode : elle est donc résolutive et pourrait s'appliquer à l'extérieur pour combattre les tumeurs[1] et les ulcères, bien qu'on dispose actuellement de remèdes plus énergiques et plus sûrs. Observons qu'il y a plus de cent ans, et, bien avant la découverte de l'iode par Courtois et Gay-Lussac,

---

1 Une anecdote des plus authentiques relate un fait à l'appui de cette propriété résolutive de l'eau salée, bien connu en Provence. Lors de la campagne d'Égypte un pestiféré atteint de la terrible maladie parvint à se guérir en demeurant plongé dans la mer après avoir eu le courage d'ouvrir lui-même son bubon. Il en obtint par ce moyen la prompte cicatrisation, et longtemps après il racontait ce remède héroïque qu'il avait employé d'inspiration et auquel il devait d'avoir échappé à une mort certaine.

Antoine de Saporta

Russel avait déjà reconnu l'efficacité des éponges et coraux calcinés et des cendres de varechs, matières beaucoup plus riches en iode que l'eau de mer elle-même.

Il existe actuellement, dans le département du Pas-de-Calais, à Berck-sur-Mer, un hôpital maritime, fondé par la ville de Paris et où l'on traite avec succès les enfants pauvres rachitiques ou scrofuleux. C'est principalement aux bains, à l'exercice, au bon air que l'on doit attribuer l'efficacité de la cure ; néanmoins, on ne néglige pas de faire boire aux petits malades surtout le soir, avant leur coucher, quelques cuillerées à bouche d'eau de mer, agissant alors comme un tonique et un excitant. Faudrait-il en faire prendre aux cholériques ? La recette a dû évidemment être proposée, et nous serions bien étonné si nous apprenions de source certaine que jamais l'eau salée n'a été recommandée contre le phylloxéra.

Quelques navigateurs ont prétendu que, faute d'eau douce, certains sauvages pouvaient à la rigueur s'abreuver dans l'océan. Nous avons à peine besoin de contredire de pareilles assertions et nous démentirons également Schouten, qui dit avoir vu un pêcheur des mers du Sud boire de l'eau salée « faute de lait de coco, » et Cook affirmant que les insulaires de l'île de Pâques n'en consomment pas d'autre. On se rappelle d'ailleurs l'exemple des mousses du tsar Pierre le Grand, qui, sur l'ordre de leur maître, ne devaient user que d'eau salée afin de s'habituer à se passer d'eau douce plus tard pendant leurs voyages. Tous succombèrent et encore s'agissait-il probablement d'un liquide puisé dans la Baltique, mer à faible salure et dont les flots sont presque doux dans certains parages.

Section II

Une étude d'ensemble sur les propriétés physiques de l'eau de mer serait bien incomplète si elle se bornait au liquide superficiel ; il faut donc pouvoir obtenir des échantillons puisés à diverses profondeurs, d'autant plus que les caractères de densité et de température varient parfois beaucoup quand on passe d'une couche à une autre. On possède divers appareils qui permettent de ramener à la surface un volume fort raisonnable d'eau recueillie dans la zone voulue. Un moyen connu de longue date, très simple

16

et cependant très pratique, est le suivant. On descend au fond des mers une bouteille vide, mais bouchée et suspendue à une corde ; la pression extérieure, de plus en plus énergique, devient assez puissante, à un certain niveau, pour refouler le bouchon dans le col et la bouteille, se remplit. On hale ensuite le câble, et le liquide intérieur, arrivant au contact d'eaux moins comprimées, se détend graduellement et repousse peu à peu le bouchon vers le goulot, d'où résulte la fermeture. La liqueur, pendant son trajet vers la surface, ne peut se mélanger avec les flots supérieurs et reste pure. M, Ekman et le capitaine Wille ont inventé des appareils d'une grande perfection : pour l'un comme pour l'autre, le mouvement de bas en haut succédant à l'impulsion inverse détermine la fermeture automatique et presque instantanée des récipients.

On sait que l'eau de mer est plus lourde que l'eau douce et que l'excès de poids est dû aux sels dissous. On a comparé le poids spécifique de l'eau salée à celui du lait de femme, et les astronomes ont remarqué, de leur côté, une autre coïncidence fortuite : le nombre qui exprime ce poids est voisin du chiffre qui marque la densité moyenne de la planète Neptune.

Partout où débouchent des fleuves puissants, dans la Mer-Noire, dans la Baltique, sous les climats froids où l'évaporation est faible, l'eau *superficielle* est légère et peu salée. Celle des fjords norvégiens est saumâtre, et, dans le golfe de Bothnie, c'est-à-dire au fond de la Baltique, le liquide est potable à la rigueur. Les glaciers du Groenland et du Spitzberg déversent en été des torrents d'eau douce qui tendent à dessaler les parages environnants. Il n'existe également que fort peu de sel dans les flots de la Mer-Blanche, de la mer de Kara et de l'Océan sibérien. Par un cas inverse, la Méditerranée, qui ne reçoit pas autant de cours d'eau, ni surtout aussi puissants (toute proportion gardée), mais qui, en revanche, se trouve exposée aux ardeurs d'un soleil brûlant, se concentrerait indéfiniment par l'évaporation, si, grâce au détroit de Gibraltar, un courant inférieur d'eau moins lourde ne lui était envoyée par l'Atlantique. Des pluies abondantes peuvent encore jouer un certain rôle : raison de plus pour que les vagues méditerranéennes conservent leur densité. Sous les tropiques, l'évaporation est naturellement très forte, mais le liquide ainsi concentré est puissamment dilaté par la chaleur, de sorte que les deux effets opposés se compensent grossièrement.

Dans tous les anciens livres qu'on a écrits sur la physique du globe et même dans beaucoup d'ouvrages plus récents, on ne fait aucune différence, au point de vue de la lui importante du maximum de densité, entre l'eau salée et l'eau douce. Celle-ci ne se dilate par la chaleur qu'à partir de + 4° centigrades, mais de 0° à + 4° elle se contracte quand on l'échauffe, en sorte qu'à 4 degrés elle est plus dense qu'à n'importe quelle autre température. Dans les pays tempérés, le liquide des fonds de lacs suffisamment profonds se maintient à peu près à + 4°, grâce à sa pesanteur, qui l'empêche de remonter à la surface et de se mélanger avec les parties plus froides ou plus chaudes, et aussi parce que l'eau conduit très mal la chaleur. Il est donc fort difficile qu'en hiver la congélation se produise au-delà de la superficie, et lorsqu'arrive l'été, les couches inférieures restent fraîches, circonstance favorable aux poissons qui vivent dans ces lacs.

Les phénomènes sont bien différents, lorsqu'il s'agit de l'eau de mer, et surtout bien autrement compliqués. Plus le liquide salé est pesant et riche en matières dissoutes, plus le point de densité *maxima* s'abaisse. Le chimiste et hydrographe suédois Ekmao, à la suite de longues séries d'expériences relatives à cette question, a trouvé que cette température critique peut tomber jusqu'à — 4° avec de l'eau de l'Atlantique. Les propriétés d'une liqueur saumâtre, puisée dans un fjord par exemple, seraient naturellement intermédiaires entre celles d'une eau très pure et celles d'une eau très salée. Ainsi les parties profondes des abîmes océaniques ne sauraient être à + 4°, comme le soutiennent encore quelques auteurs. De plus, un petit excès de sels dissous alourdit une couche d'eau dont la température est moyenne, en sorte qu'une zone froide est souvent superposée aune autre zone plus chaude, mais plus salée. Aussi bien que la surface, l'intérieur de l'océan est sillonné par une infinité de courants, les uns tièdes, les autres glacés, qui s'enchevêtrent, se mêlent, se séparent de nouveau, et il est bien difficile de trouver par le raisonnement ce que l'expérience seule peut donner. Même variété dans les densités des échantillons ramenés par la sonde. Enfin la complication devient encore plus grande si l'on réfléchit que l'eau n'est pas absolument incompressible, que chaque couche d'une profondeur de dix mètres exerce une pression verticale équivalant à peu près à une atmosphère, dont l'action ajoutée à celle des parties supérieures pèse sur le liquide inférieur, de sorte que vers 4,000 mètres il s'établit une force écrasante de 400 atmosphères. Une eau doit être forcément pesante quand elle est pressée avec tant d'énergie, et dès lors l'influence de la salure ou de la température devient minime dans ces gouffres insondables. Quand même par impossible les cavernes de l'abîme seraient baignées d'un fluide assez chaud et presque doux, il ne pourrait remonter à la surface. La question des températures sous-marines a donné lieu à maintes controverses. Quelques savants, comme Perron, qui accompagna le capitaine Baudin dans son voyage, soutenaient que, même près de la zone équatoriale, les grands fonds supportaient un froid éternel, tout comme les cimes des plus hautes montagnes. Cette opinion prêtant à de belles antithèses avait déjà été proposée auparavant, puisque Mairan et Buffon l'avaient combattue. Passant d'un extrême à l'autre, l'auteur des *Époques de la nature* imagina d'attribuer aux profondeurs océaniques une température fort élevée à cause du voisinage du feu central. Denis de Montfort et Humboldt sont d'avis qu'au-delà des parties superficielles il règne une température constante, particulière à chaque station et sensiblement égale à la température moyenne annuelle du lieu. Pour des parages où la profondeur n'est pas énorme, et dans certains bassins particuliers, l'assertion de Humboldt est exacte : ainsi, M. Marion, professeur à la faculté des sciences de Marseille, a observé qu'à partir de 100 mètres et jusqu'à 3,000 mètres, un thermomètre qu'on descend dans la Méditerranée accuse 13 degrés, été comme hiver ; ce chiffre de 13 degrés est peu inférieur à la moyenne annuelle de la Provence occidentale. Selon M. Tornöe, qui a croisé durant deux étés entre la Norvège et l'Islande, les températures successivement indiquées par les instruments plus ou moins enfoncés varient irrégulièrement suivant le point de sondage, mais elles se maintiennent toujours, à partir de quelques mètres, entre des bornes très rapprochées (entre + 1° et — 1°,5). MM. von Otto et Palander ont observé — 3°, 2 à l'ouest du Spitzberg par 142 mètres et, non loin de ces mêmes parages, Leigh Smith lut — 5°, 1 sur l'échelle de son appareil qu'il avait immergé à un millier de mètres. Aucun hydrographe, aucun marin, n'a jamais signalé d'eau plus froide.

Antoine de Saporta

Parlons maintenant des flots superficiels. La mer, à cause de sa forte chaleur spécifique et de son faible pouvoir conducteur, joue le rôle de modérateur, à peu près comme le volant d'une machine en mouvement. L'hiver, elle est plus chaude ; l'été, elle est plus fraîche que l'air ambiant et la différence est d'autant plus accusée qu'on s'éloigne davantage des côtes. Dans les « calanques » de Provence on a pu observer, suivant la saison, tantôt 0 degré, tantôt 25 degrés, mais, au large, les limites sont incomparablement plus étroites : 18 degrés en hiver et 19 degrés en été pour le golfe du Lion.

Dans *les Nuées*, Strepsiade refuse de payer ses créanciers qui osent lui soutenir la fixité du niveau de la mer, au lieu que l'élève de Socrate est persuadé que, recevant tous les fleuves, la mer doit s'accroître indéfiniment. Le phénomène de l'évaporation était mal connu à cette époque, ce qui est bien naturel ; mais, au XVIIe siècle, le père Fournier, religieux fort érudit pourtant, plutôt que de recourir à cette explication bien simple, parle de fissures ou crevasses souterraines par où s'engouffrent les eaux de la Baltique et de la Méditerranée, sans cesse gonflées par les rivières qui s'y jettent et accrues par les courants du Sund et du détroit de Gibraltar. Pendant ces trois dernières années, la question de l'évaporation de l'eau de mer a été à l'ordre du jour, grâce aux intéressantes discussions qui se sont élevées entre MM. Roudaire et de Lesseps, partisans de la « mer saharienne, » et leurs adversaires, en tête desquels on doit nommer M. Cosson. Le point capital était de savoir si, tout en dépensant une somme énorme, on ne risquait pas de doter l'Algérie d'un marécage insalubre. D'accord avec le commandant Roudaire, la sous-commission de l'Académie des Sciences était d'avis que, toutes choses égales d'ailleurs, l'eau salée s'évaporait bien moins rapidement que l'eau pure. Les expériences exécutées par M. Dieulafait dans son laboratoire de la faculté de Marseille, et en Camargue, près des Saintes-Maries, indiquèrent au contraire une perte presque égale, dans les deux cas, de l'eau douce et de l'eau de mer. Ajoutons, pour donner une idée des nombres absolus, que les étangs saumâtres des Bouches-du-Rhône laissent se dissiper dans l'air au mois de juillet une couche de 0m,006 par chaque période de vingt-quatre heures. D'après les mesures du commodore Müller (à la Martinique, en janvier 1879), la déperdition durant le même laps de temps serait plus forte encore et atteindrait 7mm ¾. Le météorologiste norvégien Mohn s'est occupé de la même question ; ses nombres sont variables, mais naturellement beaucoup plus faibles, puisqu'il s'agit d'une zone froide de notre globe.

L'eau douce se solidifie à 0 degré, mais un liquide chargé de sels se concrète à des températures plus basses ; la règle est à peu près la même que pour le maximum de densité : seulement l'eau très peu salée subit sa contraction avant de se convertir en glace, tandis que l'eau de mer normale n'acquiert son volume minimum qu'en état de *surfusion*, c'est-à dire maintenue artificiellement à l'état fluide dans des tubes capillaires. Dans cette condition, nombre de substances, et l'eau entre autres, sont en effet susceptibles de se refroidir bien au-dessous de leur point de congélation, tout en restant liquides.

Dans la Baltique et dans la Mer-Blanche, dont les eaux, jusqu'à une certaine profondeur, sont peu riches en sels, les glaces se forment à la surface, dès que la température de l'atmosphère ambiante s'abaisse suffisamment, tandis, qu'immédiatement au-dessous, se trouvent des couches plus denses et relativement chaudes (+2° à +3°). Mais imaginons qu'au-dessous d'une certaine épaisseur d'un liquide saumâtre et tiède par lui-même, circule un courant salé froid (— 1° ou — 2°) : ce dernier provoquera dans les couches mixtes intermédiaires un tel refroidissement qu'une masse de glace se formera dans l'intérieur de l'océan, aux dépens de la zone la moins salifère. Le bloc une fois formé remontera jusqu'au niveau libre en vertu de sa légèreté spécifique. C'est justement ce qui se passe près des embouchures des grands fleuves sibériens ; et la Lena surtout déverse une énorme masse d'eau tiède qui surnage aux flots salés venus des régions polaires. Même pendant les saisons les plus favorables, l'été et l'automne, le navigateur circule au milieu de glaçons flottans qui sont une cause continuelle de dangers pour son navire, et pourtant un thermomètre baigné par les vagues accuse plus de 0 degré. Comme l'épaisseur de la partie chaude est variable suivant les années, les parages, et les vents régnants, on conçoit que certains voyageurs aient déclaré impraticables des traversées que d'autres explorateurs ont facilement accomplies. Le passage du nord-est, le long de la côte sibérienne, ne pourra jamais devenir une voie régulière pour le commerce, à moins qu'à force de sondages répétés, suivis d'études attentives, on ne débrouille à la fin, dans les phénomènes qui nous occupent, des lois régulières et périodiques.

Le physicien suédois Edlund, ayant interrogé des pêcheurs scandinaves, s'est assuré que, même près des fjords de leurs pays, on voyait parfois, bien que rarement, les profondeurs de la mer « vomir des fragments de glace. » Du reste, voici reproduit textuellement, le témoignage d'un de ces marins relativement à ce fait curieux et encore mal connu : « Non pas chaque année, mais assez fréquemment, en pleine mer libre, j'ai vu de la glace remonter brusquement à la surface. Si le temps est calme, les faits se passent de la manière suivante : jusqu'à perte de vue, on aperçoit des petits « gâteaux » en forme d'assiette qui, venant du fond, s'élèvent jusqu'à la superficie. *Le tranchant est en l'air*, mais dès que la partie supérieure de l'assiette a dépassé le niveau de l'eau, l'assiette se retourne d'elle-même et se couche à plat sur le liquide. Ce phénomène est une cause de dangers, car un bateau peut ainsi en quelques minutes être entouré d'immenses masses de glaces nouvelles.[1] »

Abstraction faite de cette anomalie, il est bien rare que de gros fragments de glace se forment isolément en pleine mer. Effectivement, l'eau de salure ordinaire s'alourdit à mesure qu'elle se refroidit, car elle gèle vers − 2°, et, comme nous l'avons expliqué, elle ne saurait atteindre vers − 4° son maximum de densité que si on la maintenait artificiellement à l'état liquide. L'eau qui a perdu de son calorique au contact de l'atmosphère s'enfonce bientôt ; parfois, comme l'atteste Scoresby, la glace qui s'est formée dans les couches moyennes remonte à la surface, tandis que les thermomètres des sondes indiquent pour le fond des températures voisines du point de congélation ou même encore inférieures. M. Otto Pettersson est d'avis que, si l'eau soumise à un froid vif (− 3°,2 : Palander ; − 5°,1 : Leigh Smith) ne se solidifie pas, c'est que son immobilité favorise la surfusion, ou bien encore, ce qui est fort possible, nous ne connaîtrions pas toutes les lois de la nature. On sait depuis longtemps que l'eau distillée, très comprimée, se glace un peu au-dessous de zéro ; peut-être l'eau de mer se comporte-

1 Nous devons ces détails à la bienveillance de M. Otto Pettersson, qui nous a également communiqué un grand nombre de notions intéressantes, fruits de ses travaux personnels.

t-elle d'une manière analogue ; mais les physiciens qui ont voulu déduire les propriétés inconnues de l'eau salée par assimilation avec les caractères de l'eau distillée ont commis tant de méprises, qu'il vaut encore mieux rejeter cette explication insuffisante.

Par une longue série d'expériences très exactes, M. Pettersson a réussi à expliquer divers phénomènes qui se manifestent dans les glaces des mers boréales et que les explorateurs arctiques connaissaient de longue date, sans en comprendre la raison. L'eau de mer, après son passage à l'état solide, n'offre plus la même composition chimique qu'auparavant, mais outre cette altération dont nous parlerons plus loin, on peut constater une particularité du plus haut intérêt. Si la température est très basse, la glace de l'océan, comme presque tous les corps connus, se contracte par le froid ; mais à quelques degrés sous zéro et avant de fondre, elle diminue de volume, lorsqu'on l'échauffe, et se dilate par le refroidissement. De plus, entre — 10° et — 20° suivant l'âge et la provenance du bloc, il se produit un *minimum de densité*, la masse acquérant son volume maximum, c'est-à-dire que le solide, subit un phénomène précisément inverse de celui que montre l'eau de rivière.

Tout en se contractant par réchauffement vers — 5° ou — 8°, la glace d'eau salée perd plusieurs des caractères qu'elle possède par un froid suffisant et qui lui sont communs avec la glace ordinaire. Elle n'a plus cet aspect vitreux, cette fragilité, cette homogénéité que nous connaissons tous ; elle devient plus molle, plus plastique, moins transparente ; sa cassure est moins nette, et les fissures, les cavités se multiplient. Aussi l'eau saumâtre congelée a-t-elle perdu toute saveur désagréable, mais elle n'en est pas moins fort peu appréciée dans le commerce, à cause de son vilain aspect et de son défaut de limpidité. Les voyageurs qui font des excursions durant l'hivernage préfèrent de beaucoup une température très basse à un air moins froid (bien que notablement inférieur à zéro), grâce auquel les *ice-bergs* se disloquent, tandis que les champs de glace ne présentent plus qu'une surface tourmentée, fendillée, sur laquelle il est impossible de s'avancer en traîneau. Si un espace uni s'étendait jusqu'au pôle, celui-ci serait conquis depuis longtemps, mais par malheur cette plaine, non plus que la fameuse mer libre, n'a jamais été entrevue.

Antoine de Saporta

Lorsqu'un kilogramme d'eau pure se solidifie, il se dégage une certaine quantité de chaleur qu'absorbe le milieu plus froid dont l'influence détermine la congélation. De même 1 kilogramme de glace qui entre en fusion emprunte au foyer qui l'échauffé une dose de chaleur précisément égale. Ces deux règles ne sont pas applicables à 1 kilogramme d'eau salée, qui gèle au-dessous de zéro degré, en dégageant moins de *calories* ou unités de chaleur que l'eau douce (50 à 60 au lieu de 80 environ.) La même masse solidifiée en absorberait tout autant pour être fondue sur-le-champ. Nous expliquerons plus loin quelle est la composition chimique des glaces marines à différentes époques et nous verrons que les *ice-bergs* formés depuis longtemps ont perdu la plus grande partie des sels qu'ils contenaient primitivement, en sorte qu'il n'entre dans leur composition que de l'eau presque pure. Ces anomalies, observées pour la première fois par M. Otto Pettersson, provoquent des phénomènes intéressants dont nous allons dire quelques mots.

Les flots du golfe du Mexique, surchauffés par le soleil, s'écoulent par le canal de Bahama et remontent jusqu'à Terre-Neuve. Vers ces parages, le courant appelé *gulf-stream*, à cause de son point d'origine, change de direction, se dévie vers la droite, et traversant obliquement l'Atlantique, se ramifie en plusieurs branches, dont la bienfaisante influence attiédit les hivers de l'Irlande, de l'Ecosse, des Feroë, de la Scandinavie, et se fait même sentir jusque vers l'Océan sibérien, à ce qu'on prétend. La mer des Antilles joue le rôle de la chaudière, et les régions polaires représentent le condenseur ; et pour achever cette comparaison, empruntée aux machines à vapeur, le soleil constitue le foyer. Telle est, expliquée peut-être trop brièvement, l'ancienne théorie du *gulf-stream*, conçue primitivement par Maury, théorie non pas fausse, mais incomplète. On doit, en effet, se demander comment il se peut qu'un courant chaud sans doute, mais médiocrement puissant, après avoir longé les bouches du Mississipi, ait conservé assez d'énergie pour modifier sensiblement le climat d'une zone aussi étendue de l'hémisphère septentrional. En réalité, les choses se passent moins simplement : un double courant froid issu des terres polaires avoisinant le Groenland charrie des glaces anciennes durant la débâcle printanière et pendant l'été ; vers 45° de latitude et non loin de Terre-Neuve, ces blocs flottants arrivent au contact du *gulf-stream*, dont la direction est sensiblement inverse. Une lutte commence, et naturellement finit toujours à l'avantage des eaux tropicales, encore saturées de calorique ; elles minent à leur base les *ice-hergs*, les désagrègent et enfin les liquéfient complètement. Les vagues du *gulf-stream*, quoique victorieuses et largement accrues par les eaux de fusion, sont forcées de quitter leur direction primitive et de s'infléchir vers l'est. Plus loin encore, et au contact des terres de l'extrême Nord, les dernières ramifications du vaste fleuve salé, parvenues au bout de leur course, prennent l'état solide.

Imaginons une masse de glace d'un kilogramme faisant partie d'un *ice-drift* flottant près de Terre-Neuve, et isolons par la pensée ce fragment, il se fondra sous l'influence de la chaleur apportée des tropiques, empruntant au milieu ambiant 80 calories. L'eau de fusion arrive jusqu'au cap Nord, par exemple, où elle se concrète en dégageant 60 calories environ, qui contribueront à adoucir le froid qui règne en Norvège. Quant à la différence de 20 calories, elle est dépensée en travail nécessaire pour repousser d'Amérique en Europe l'énorme masse d'eau formée par l'union des courants équatorial et polaire.

Section III

L'eau de mer est une solution saline fort complexe : l'analyse chimique y décèle des radicaux halogènes, simples comme le chlore et le brome, ou composés comme l'acide sulfurique, et quatre principes basiques : la soude, la magnésie, la chaux et la potasse. Le chlore est de beaucoup le principe le plus abondant, et plus de la moitié du poids total des matières salines doit lui être attribuée ; la soude vient ensuite. La magnésie et l'acide sulfurique, d'une part, et deux substances beaucoup plus rares, la chaux et la potasse, d'autre part, sont contenus en proportions peu différentes. Quant au brome, il n'a été découvert que beaucoup plus tard, grâce aux investigations de Balard : c'est dire qu'il est encore moins abondant.

Ouvrez n'importe quel ouvrage de chimie ou de physique du globe et vous y verrez que l'eau de mer contient, par litre, tant de chlorure de sodium, tant de sulfate de magnésie, tant de chlorure de magnésium, etc. Ces affirmations sont absolument hypothétiques, car nos connaissances en chimie ne sont pas suffisantes pour permettre de semblables conclusions. L'analyse montre qu'il y a dans un litre de liquide tant de chlore, tant d'acide sulfurique, tant de magnésie… Mais comment ces divers radicaux sont-ils unis ? On l'ignore absolument,[1] car si l'on compose artificiellement une solution dans laquelle on mette en présence deux acides et deux bases seulement, il se produit un partage suivant des règles encore mal connues et fort peu simples : chaque acide absorbera une partie seulement de chaque base, et les bases, de leur côté, neutraliseront chacune une fraction seulement des deux acides. Bien mieux, si l'on mélange deux dissolutions : l'une de sulfate de soude, par exemple, et l'autre de chlorure de magnésium, on obtient une mixture constituée de chlorures de sodium et de magnésium, d'une part ; de sulfates de soude et de magnésie, d'autre part. Dans un seul cas, le phénomène se simplifie : c'est celui où, par la combinaison de deux des principes, il peut se former un troisième sel insoluble ; alors une des bases, par exemple, peut attirer complètement l'un des acides. L'union formée, le composé se précipite. On peut dire que les nombreux corps simples qui entrent dans la composition de l'eau de mer contractent sans cesse de nouvelles liaisons incessamment variables, suivant la température ou la concentration de la liqueur. C'est même en utilisant intelligemment ces phénomènes que, dans les salines, on arrive à forcer les eaux mères à déposer tantôt du sel de cuisine, tantôt une autre combinaison dont on se sert dans l'industrie, ou dont on veut se débarrasser.

En évaporant à siccité dans une capsule un volume connu d'eau de mer, sans négliger certaines précautions, on obtient un résidu qui, bien desséché et pesé, fournit le poids de la quantité totale de sels primitivement dissous. Il est ensuite aisé, au moyen d'un calcul très simple, d'estimer la dose de substances solides renfermées dans un litre. Or, l'eau salée est plus dense que l'eau douce à égal volume et à température égale, et cet excès de densité, que l'on pourrait appeler « l'alourdissement, » est sensiblement proportionnel à la richesse du liquide en matières salines ; on obtient cette dernière

1 Toutefois, à cause de l'énorme prépondérance du chlore et du sodium, on est en droit d'affirmer que le chlorure de sodium est plus abondant à lui seul que l'ensemble de tous les autres sels.

en multipliant l'excès de densité par 1,32. On peut ainsi remplacer l'opération chimique par une détermination de densité, expérience plus facile et qui a l'avantage de pouvoir s'effectuer à bord d'un vaisseau. On se sert habituellement d'une série de petits aréomètres très sensibles, dont les indications sont immédiates.

Les diverses régions océaniques ne sont pas également riches en sels : ce que nous avons expliqué au sujet des variations des poids spécifiques le montre nettement. Néanmoins, si l'on puise toujours le liquide à une profondeur suffisante, les variations s'affaiblissent beaucoup, comme l'a prouvé Forchhammer dans son beau travail d'ensemble sur les eaux de notre globe : les chiffres de ses tableaux oscillent entre 34 grammes et 35 grammes par litre. Mais, ce qui est encore plus invariable, c'est la proportion relative des divers éléments acides ou basiques, et l'on n'a pu constater quelques infimes divergences qu'à force de prendre des moyennes sur un grand nombre de dosages. Au reste, il était facile, *a priori*, de prévoir cette fixité de rapport, puisque l'évaporation concentre sans enlever un atome de sel, tandis que les eaux douces diluent sans fournir aucun tribut. C'est, croyons-nous, Roux, professeur à Rochefort, qui, après avoir analysé quatre-vingt-huit échantillons recueillis dans divers parages de l'Atlantique et de l'Océan indien, énonça et vérifia expérimentalement cette loi générale (1864). Il suffit donc, pour bien connaître la composition d'une eau de mer, de doser un seul des éléments constitutifs, le chlore par exemple : or celui-ci peut être apprécié avec une grande rigueur par un manipulateur adroit. Se fondant sur le principe de Roux et usant toujours de méthodes simples et pratiques, M. Bouquet de La Grye, lors de son voyage à l'île Campbell, a pu réaliser d'innombrables expériences poursuivies plusieurs fois par jour dans les mers les plus fréquentées du globe. Non-seulement les conclusions que l'éminent ingénieur a déduites de ses analyses relativement aux niveaux moyens des divers océans intéressent l'hydrographie, mais il pense « qu'au point de vue de la navigation, la *chlorométrie* peut donner des résultats directs très utiles, » notamment dans les régions polaires et sur les côtes intertropicales de l'Atlantique. La teneur en chlore d'un litre de liquide recueilli le long du bord diminue évidemment si le navire s'approche des glaces ou s'il croise non loin de l'embouchure d'un fleuve puissant, comme l'Amazone.

Antoine de Saporta

Soumise à la concentration par un moyen quelconque, l'eau de mer dépose d'abord du carbonate calcaire, puis du gypse ou sulfate de chaux, puis du sel marin ; et, en dernier lieu, des sels de magnésie et des bromures. Les phénomènes sont un peu moins simples en pratique, et de plus il est rare que les dépôts des marais salants soient constitués par une matière unique, mais nous n'avons voulu qu'indiquer le sens général de l'opération. On voit que le sel du commerce est d'autant plus riche en magnésie, ou, pour mieux dire, en chlorure magnésien, que la concentration a été plus forte. La simple exposition à l'air, suffisamment prolongée, facilite l'élimination de ce chlorure de magnésium et des autres sels déliquescents. Ajoutons que certains savants ont été jusqu'à vouloir attribuer les énormes dépôts de gypse qu'on trouve accumulés dans divers terrains à d'anciennes mers, qui, en se desséchant, auraient tout d'abord abandonné cette matière.

Nous ne pouvons aborder ici certaines questions qui nous entraîneraient trop loin, telles que l'industrie de la soude artificielle, l'emploi du sel marin en agriculture, son rôle dans la digestion, son action bienfaisante sur les globules du sang, dont il favorise le conflit avec l'oxygène. Toussenel a prétendu qu'une race qui en consomme beaucoup non-seulement gagne en intelligence, mais même perd le goût des procès. La dernière opinion qu'il avance semble être bien hasardée et conduirait à admettre que les plats des Manceaux sont très fades ou que les tribunaux de l'Ariège chôment toute l'année. Ne voulant pas prononcer ici un panégyrique en l'honneur du chlorure de sodium, nous ajouterons, comme ombre au tableau, qu'à partir d'une certaine dose le sel est toxique. L'animal soumis à l'expérience éprouve de violentes nausées, et, si on lui lie l'œsophage pour l'empêcher de vomir, il est en proie à des convulsions et à des tremblements épileptiformes, symptômes, qui précèdent la prostration et la mont- Avec 60 ou 80 grammes, un chien de moyenne taille succombe, et, pour tuer un cheval en douze heures, il suffit de lui faire absorber 1/400e de son poids de sel.

La potasse et les bromures, matières relativement peu abondantes, s'accumulent de plus en plus dans les eaux mères, qui finissent par se concentrer suffisamment pour donner lieu à des exploitations industrielles rémunératrices. Balard découvrit le brome en 1826,

28

dans les salines de la Méditerranée, mais cet élément est bien moins rare dans les flots de la Mer-Morte, d'où on le retirera peut-être un jour. Il y a dix-huit siècles, les Romains, à ce que raconte Pline, se faisaient apporter à grands frais jusqu'en Italie l'eau du lac Asphaltite, dont ils prisaient beaucoup les propriétés curatives. Au reste, cet excès de bromure, correspond exactement à l'accroissement de salure totale, de sorte que la composition relative du résidu sec est la même pour l'océan que pour le liquide apporté de la Terre-Sainte, sauf quelques restrictions dont nous parlerons plus loin. En d'autres termes, une eau marine quelconque évaporée à un degré convenable ne se distinguerait pas d'un échantillon puisé dans la Mer-Morte, et serait tout aussi délétère pour les êtres vivants. L'eau du centre du lac tue en peu d'heures, selon M. Lortet, certains petits poissons d'une espèce particulière qui fourmillent dans les lagunes du bord, parce que ces lagunes, sont chargées de soude, mais pauvres en magnésie, dont la proportion est plus forte partout ailleurs.

On considérait autrefois la glace marine comme formée d'eau pure solidifiée retenant, par adhésion mécanique, des traces de liqueur salée. Une compression énergique pouvait faire expulser ces traces de liquide étranger, et, dans tous les cas, acides et bases devaient se retrouver dans le résidu de la dessiccation en proportions invariables, comme dans la mer. En réalité, la question de la composition chimique de la glace de l'océan Arctique est autrement complexe, mais elle gagne en intérêt ce qu'elle perd en simplicité. Quand on refroidit artificiellement de l'eau salée, une petite partie échappe à la solidification ; si on goûte ce résidu non congelé, on lui trouve une saveur amère insupportable, et l'analyse chimique prouve que presque toute la magnésie s'y est concentrée. Quant au bloc fondu, s'il est bien homogène, s'il n'est pas criblé de trous, et si on l'a fait bien égoutter au préalable, il peut fournir une boisson fort passable. Les glaces naturelles des mers boréales sont souvent humectées d'une espèce de saumure (brine) qui constitue la partie dont le froid n'a pu venir à bout, et quelquefois cette liqueur épaisse baigne des cristaux de nature spéciale, aisés à distinguer de la glace qui les entoure. D'après M. Otto Pettersson, les doses relatives de chlore et de magnésie sont beaucoup plus fortes dans ces exsudations que dans les eaux aux dépens desquelles

Antoine de Saporta

s'est formée la glace ; le liquide n'a donc pu être mécaniquement entraîné. En revanche, il y a peu d'acide sulfurique, c'est-à-dire peu de sulfate, de sorte que la conclusion nécessaire est que la glace d'eau de mer a dû retenir en plus grande abondance ces mêmes sulfates, ce que confirme l'analyse chimique. Avec la congélation, un véritable triage s'accomplit : l'acide sulfurique presque en entier passe dans la partie qui se concrète ; et, inversement, la magnésie et le chlore dominent dans la masse restée liquide. Avec le temps, et sous l'influence des variations de température, tout ce que le bloc a pu ramasser de chlorures au début disparaît peu à peu : une partie descend dans la mer et s'y dissout, et le reste s'élève jusqu'à la surface libre, où il se forme des cristaux hydratés, une sorte de « neige salée, » si l'on veut. Le travail d'élimination se poursuit toujours dans le même sens qu'au début et ne s'interrompt jamais, pour peu que les circonstances soient favorables. Les sulfates dominent donc exclusivement dans les vieilles glaces, qui, toujours selon M. Pettersson, constituent des mélanges d'eau solidifiée pure et d'un composé chimique spécial, le *cryohydrate* de sulfate de soude. Ce dernier corps, bien qu'il comprenne à peine 5 pour 100 de sulfate pour 95 parties d'eau, possède des caractères particuliers et se détruit à une température un peu inférieure à 0 degré, point de fusion de la glace pure. Ainsi, un fragment déjà ancien, soumis à la chaleur dissolvante du printemps, avant de se désagréger définitivement, perdra d'abord toute la fraction de son poids (8 pour 100 environ) qui est à l'état de cryohydrate ; et, après cette réduction, il fondra à zéro, puisqu'il ne renferme plus de substance étrangère,

Il résulte de ces curieux phénomènes de sélection que la glace, sous l'empire des vicissitudes atmosphériques, s'approche de plus en plus d'une limite où sa composition serait fixe, mais que bien souvent elle n'atteint pas en réalité. Ordinairement, l'expulsion des chlorures n'est pas complète, et de brusques changements de température peuvent tout liquéfier à la fois. Quoique en soit, le savant suédois croit pouvoir assimiler la glace d'eau salée à une roche composée, à une sorte de « granit » dont chaque élément se décomposerait à son tour dans des circonstances spéciales. Seules les eaux chaudes, plus éloignées du pôle, pourraient avoir raison des constituants stables entraînés par le courant arctique, de même que, pour continuer notre comparaison, la rivière qui a rongé peu à peu le bloc granitique finit par entraîner les derniers débris du rocher sous forme de sables et d'argiles, destinés à s'accumuler dans les terrains de sédiments.

Section IV

Les eaux de la mer rongent incessamment les rochers de la côte, minent les falaises, balaient les grèves, et au grand désespoir des ingénieurs, démolissent souvent les digues et jetées qu'on élève dans certaines rades. Ce pouvoir destructeur, contre lequel peu de matériaux sont protégés, devient redoutable dans certains parages : par exemple, au Fort-Boyard sur l'océan, non loin de Rochefort, à l'embouchure de l'Adour et près du port de Cette. Continuellement fouettés par les vents, les flots supérieurs sont en contact perpétuel avec l'atmosphère, et enfin, la vie animale et végétale se développe avec exubérance dans les fonds sous-marins. De toutes ces causes réunies il résulte qu'en sus des matières dissoutes dont nous venons de parler et qui sont contenues à haute dose, beaucoup de substances plus rares se rencontrent aussi dans l'océan : ces minéraux, ces gaz, ces débris organiques sont souvent difficiles à reconnaître, quelquefois presque impossibles à doser, mais ne jouent pas moins un rôle important. Nous ne traiterons bien entendu que des faits les mieux connus et les plus intéressants, tout en laissant dans l'ombre bien d'autres points.

Dans ce qui précède, on a pu entrevoir un phénomène curieux d'accumulation, mais cette faculté est absolument insignifiante, si on la compare à l'énorme pouvoir absorbant de certaines algues, comme les varechs ou les fucus. C'est dans les cendres de varechs que le salpêtrier Courtois découvrit l'iode en 1812 ; c'est dans les fucus que Malaguti, alors professeur à la faculté de Rennes, reconnut, à la suite de recherches laborieuses, la présence du cuivre, du plomb, de l'argent et du fer, métaux qu'il retrouva plus tard dans l'eau de mer elle-même.

L'iode a été signalé treize ou quatorze ans avant le brome, bien qu'il soit aussi peu abondant relativement à lui que le brome l'est par rapport au chlore. La dose d'iode contenue dans l'eau salée est à peine appréciable, même avec des réactifs sensibles, au point que plusieurs médecins ont nié son rôle thérapeutique dans l'action générale des traitements par cette eau à l'hôpital de Berck. Néanmoins, attiré et condensé par certaines plantes, il devient assez abondant pour pouvoir en être extrait avec avantage ; il s'accumule également dans les organismes animaux, puisque l'huile de foie de morue doit ses propriétés bienfaisantes à l'iode qu'elle contient. En ce qui concerne l'argent, notre compatriote Proust, dès 1787, en avait soupçonné l'existence dans l'océan et l'avait attribuée aux trésors des vaisseaux naufragés, surtout à ceux des galions espagnols. Mais cette explication conduit à supposer qu'une quantité invraisemblable de lingots auraient été engloutis. En réalité, la dose par mètre cube a beau être infime, elle donne un total énorme, et l'on a pu dire justement qu'il y avait plus d'argent en circulation dans les vagues qu'entre les mains des hommes. D'après Tuld (1859), des doublages en cuivre de navires qui avaient circulé devant plusieurs années dans le Pacifique auraient été notablement argentés grâce à une sorte de phénomène de galvanoplastie ou de précipitation chimique : toutefois, la métamorphose n'est pas heureuse, car, si le cuivre s'est enrichi de 1/2 pour 100 d'argent, il s'est aussi complètement détérioré. Terminons ce rapide aperçu de richesses dont nous ne profiterons jamais en indiquant leur véritable origine, selon Malaguti : il s'est dissous dans les mers et il continue de s'y dissoudre encore de grandes masses de sulfure de plomb ou *galène*, minéral très répandu sur notre globe, et la galène est presque toujours mêlée de sulfures d'argent et de cuivre. Grâce au sel marin, les trois métaux sont ramenés à l'état de chlorures. Quant au fer, sa diffusion dans l'écorce terrestre est si grande, qu'il faudrait s'étonner de ne pas en trouver à la suite d'une analyse bien conduite, et nous ferons la même remarque au sujet de l'acide phosphorique.

Marchand, en 1850, avait séparé quelques milligrammes de *lithine* d'un fort volume d'eau recueilli près de Fécamp, et plus tard M. Bunsen n'eut pas de peine à confirmer ses recherches, grâce à la sensibilité de la méthode spectroscopique et aux caractères tranchés qu'offre la flamme colorée par la lithine. Plus récemment, M. Dieulafait a étendu à presque toutes les mers du globe ces résultats particuliers, tout en observant l'accumulation des sels de lithium dans les boues et résidus des marais salants. Ces déterminations délicates et inutiles en apparence ont eu du moins l'avantage de démontrer que la Mer-Morte est un bassin indépendant et non un résidu abandonné par la Mer-Rouge : les analyses chimiques et spectrales ont démontré, en effet, que le lac Asphaltite ne renfermait ni iode, ni argent, ni lithine, tandis que toutes ces matières se rencontrent dans le Golfe-Arabique, qui ne diffère en somme des autres mers du globe que par la forte densité de ses eaux soumises à une évaporation plus active.

La question que nous allons effleurer maintenant, celle de l'air dissous dans l'océan, est fort délicate par elle-même, en sorte qu'elle a donné lieu à une foule de controversés dont la science a largement profité. Nous n'en finirions pas si nous décrivions tous les appareils qui ont été mis en usage pour recueillir l'eau des couches profondes sans laisser échapper les gaz emprisonnés dans le liquide. Puis, l'échantillon une fois ramené à bord, quelles difficultés pour le transvaser ! quelles précautions à prendre pour le conserver et l'analyser ! Et tout d'abord faut-il procéder, au dosage sur-le-champ, à bord même du vaisseau, de crainte d'une altération subséquente ? Beaucoup d'hydrographes ont suivi strictement cette règle : malheureusement les manipulations qui se réalisent malaisément dans une cabine de navire, lorsque le temps est beau, pour peu que le vent fraîchisse, deviennent impossibles, à cause du roulis. Si le chimiste préfère ne commencer ses opérations qu'après son retour et dans son laboratoire, n'est-il pas à craindre qu'une partie des gaz ne se soit échappée pendant l'intervalle ? De plus, il faut que chaque manœuvre, même la plus simple, soit faite par des mains exercées ou tout au moins surveillée de près par un homme compétent ; il ne suffit plus de se faire rapporter par un marin intelligent le contenu d'un flacon propre, qu'on a rempli en le plongeant dans la mer suspendu à une ficelle : en un mot, le chimiste doit se résigner aux ennuis d'une longue et fatigante campagne. Actuellement, on trouve commode de scinder en deux la série des travaux : après que le liquide a été puisé, on le transvase avec toutes les précautions requises et on le fait bouillir, ce qui expulse les gaz ; ensuite ceux-ci, recueillis et mis de côté, ne sont examinés qu'à terre, la croisière une fois terminée. On doit à un savant allemand, le docteur Jacobsen, explorateur en 1870 et 1871 de la Baltique et de la mer du Nord, cette méthode, si pratique suivie plus tard par les savants de l'expédition (norvégienne, MM. Tornöe, Svendsen et Schmelck (1876-1878).

L'air dissous dans l'eau de mer n'a pas la même composition que le fluide que nous respirons et il diffère assez peu sous ce rapport du gaz que renferment les sources et les fleuves. Cette divergence a même été invoquée comme une preuve de ce fait que l'air est un simple mélange et non une combinaison chimique. Effectivement l'oxygène, qui ne fait partie de notre atmosphère que pour 1/5 environ, se trouvant plus soluble dans l'eau que l'azote, forme à peu presse tiers du volume gazeux total que l'ébullition peut expulser ; quant aux deux autres tiers restant, ils sont constitués d'azote presque pur. On voit en physique que le volume de gaz absorbable par un liquide diminue rapidement quand la température s'élève, et c'est ainsi que, chauffée aux environs de 60 degrés, l'eau ordinaire perd ses dernières traces d'air en se mettant à « chanter ». Les eaux froides sont plus riches en air que les eaux tièdes ou chaudes et, en ce qui concerne l'océan, comme la loi de décroissance est régulière pour l'azote et moins simple pour l'oxygène, le rapport de ces deux substances n'est pas invariable. Selon M. Tornöe, il y a un peu plus d'oxygène à la surface que la théorie me l'indiquerait, et, comme chacun pouvait s'attendre, on en trouve un peu moins dans les zones où la vie animale est largement développée On aurait cru aussi à l'influence des nuages ou des rayons salaires sur le gaz absorbé par les vagues : mais en réalité ces facteurs n'ont aucune importance ; en dépit des théories de Morren, Lewy, Hayes. Nous étonnerons peut-être plusieurs de nos lecteurs en disant que les pressions si effroyables qui s'exercent sur les abîmes de la mer n'ont aucun effet sur la dose relative des gaz contenus dans l'eau, ni même sur leur proportion absolue, qui s'écarte peu de 21 centimètres cubes par litre d'eau salée.[1] Dans un siphon d'eau de Seltz, il suffit cependant, objectera-t-on, d'un excès de pression de quelques atmosphères pour forcer la liqueur à absorber beaucoup plus d'acide carbonique. Le fait invoqué est exact, mais les circonstances ne sont plus les mêmes : l'acide carbonique d'une part, repoussé par la pompe,

---

1   C'est-à-dire qu'un litre d'eau de mer recueilli à la surface ou ramené des grandes profondeurs, soumis à l'ébullition, dégage une masse gazeuse, laquelle, dé-barrassée du peu d'acide carbonique qu'elle renferme, occupe 21 centimètres cubes à 0 degré et sous la pression normale de 0m,760.

est forcé de pénétrer dans l'eau et ne peut en sortir, parce que les molécules non dissoutes appuient sur la surface et s'opposent à tout dégagement ; au lieu que, dans les fonds sous-marins, d'autre part, le poids qui écrase les couches inférieures est une simple colonne liquide non susceptible de retenir les gaz.

Il y a fort peu d'acide carbonique libre dissous dans l'eau de mer, mais ce même corps doit s'y présenter à l'état de combinaison, puisqu'il se dépose du carbonate de chaux dans les marais salants. Les premiers chimistes croyaient ne recueillir que le gaz non réuni aux bases, et ils arrivaient à des résultats fort divergents, leurs nombres variant parfois du simple au décuple, selon les méthodes et les observations. M. Tornöe, il y a quelques années, a repris complètement la question et a fini par conclure à la non-existence de l'acide libre, ses devanciers ayant recueilli les produits de la décomposition de certains carbonates ou bicarbonates contenus dans le liquide et facilement dissociables à la température de l'ébullition. Il ajoute, comme preuve à l'appui, que l'eau de mer bleuit sensiblement la teinture de tournesol, ainsi que d'autres principes colorés plus délicats que les chimistes modernes ont à leur disposition, par exemple l'acide rosolique, et conclut finalement à la présence d'une petite quantité de sel de soude libre. Plus récemment encore, un jeune chimiste suédois, M. Hamberg, qui a étudié les eaux des mers groënlandaises, a pu mener à bonne fin des dosages encore plus précis et constater quelques faits nouveaux. D'accord avec notre compatriote, M. Schlœsing, il pense que l'eau de mer contient à la fois des carbonates neutres, des bicarbonates et de très légères traces d'acide carbonique libre, la température et la pression atmosphérique possédant une influence complexe, non-seulement sur le gaz non combiné, mais sur celui qui est uni aux bases.

L'origine de la salure de l'océan est ou un problème facile à résoudre, ou bien une question très complexe. Comme réponse simple, on peut toujours dire que les fleuves gigantesques des époques primitives ont drainé leurs vallées et ont rassemblé dans le vaste bassin qui recouvre les trois quarts de notre globe toutes les matières solubles ; en tant que preuve à l'appui, on peut citer l'exemple de la Mer-Morte, du lac de Van, du Tchad, du Titicaca et de quantité d'autres lacs sans écoulement, tous saturés de sels ou saumâtres pour le moins. En définitive, cela revient à expliquer que la mer est salée parce qu'elle est salée, et, comme beaucoup de détails nous manquent, nous ne pouvons donner une solution complète ni satisfaisante. Nul ne croit plus maintenant à d'immenses bancs de sel gemme situés au fond des grands abîmes ; cette idée était autrefois si générale que, dans ses rapports à l'Académie, un naturaliste de mérite, comme le comte Marsigli, se demandait, il y a cent cinquante ans, pourquoi l'eau n'était pas saturée, bien que le sel ne lui eût assurément pas manqué.[1] Mais sommes-nous sûrs que les théories qui ont cours aujourd'hui ne prêteront pas à rire aux savants qui viendront après nous ?

---

1 Rabelais lui-même explique à sa manière l'origine du chlorure de sodium de l'océan. Il prétend que lorsque le char du soleil, mal dirigé par Phaéton, se détourna de sa course normale pour frôler la terre, le globe transpira fortement. Les mers furent le résultat de cette exsudation, « car, dit-il, toute sueur est sallée. Ce que vous direz estre vray si voulez taster de la voatre propre. »

ISBN : 978-1540472878